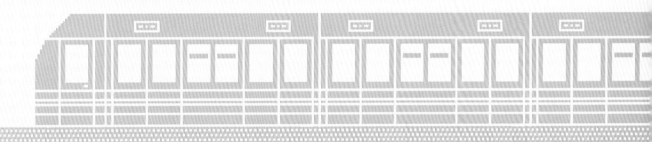
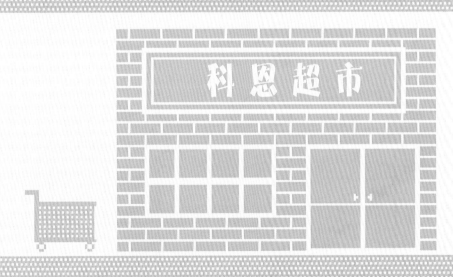

科恩超市

生态公园

BUS

恐怖游乐园

自信满满生活书

冲吧，安全小勇士

[韩]任廷恩＿著　　[韩]朴宇熙＿绘　　千太阳＿译

浙江科学技术出版社

安全游戏

版本·1.0

策划·GOMGOM

情节构思·任廷恩

SET-UP ⚙

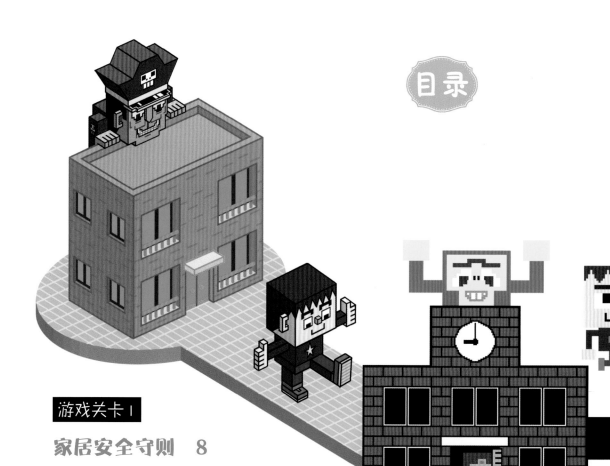

目录

大家好!

让我们玩一下这款点亮安全地图的游戏吧。

游戏的规则是从五张地图中找出危险的地方并做好标记,然后安全地通过这些地方。

如果能全部通关,点亮所有地图,你将获得"安全小勇士"的称号。

对了,我是负责解说游戏的大大。

选择游戏角色

聪聪

♥♥♥
✚✚✚✚✚

小小

♥♥♥♥♥
✚✚✚✚

英子

♥♥
✚✚✚✚✚

铁蛋

♥♥♥♥♥♥
✚

你选择的游戏角色是小小。

你即将面对很多想吓唬你、威胁你的捣乱分子。

他们分别是司令官危危、松松、懒懒及不幸。

虽然点亮所有地图、获得"安全小勇士"称号的过程非常危险、艰难,但我们要坚强、勇敢地去面对!

现在,就让我们出发吧!

此时，小小正盖着暖和的被子，睡得正香呢！那小小知道被窝外的种种危险吗？

让我们祈祷小小能够点亮所有地图，并安全地返回到被窝里吧。

捣乱分子

司令官危危

每点亮一张地图，司令官危危身上的衣服就会少一件。司令官危危的能力是招来危险。小小，你要脱光他的衣服，让他无暇顾及你！

松松

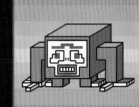

松松会让你抱有"应该没关系""应该没事"的侥幸心理，然后你会在大意之下失去安全生命值。

懒懒

懒懒会让你抱有"烦死了""唉，还是算了"的想法，进而麻痹你的神经，让你失去安全生命值。

不幸

他是能够给你招来不幸的捣乱分子。想在不幸的手中存活下来，你就要认真地对待游戏，尽可能存下更多的安全生命值。

家居 安全守则

家是最舒适的地方。在这里，你可以吃饭、休息，从而获得体力。不过，危险也会存在于家中的任何地方。

 早上好，小小！
你该起床了。

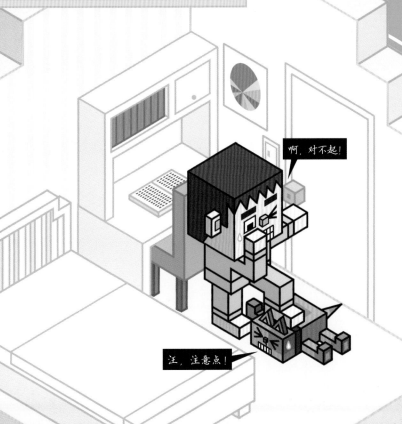

啊，对不起！

注，注意点！

 哎呀，要小心再小心！
小小和狗狗都不可以受伤。
想保护自己就要提高警惕。

安全生命值 ♥ ♥ ♥ ♥ ♥　　　安全徽章 ✚ ✚ ✚ ✚ ✚ ✚ ✚

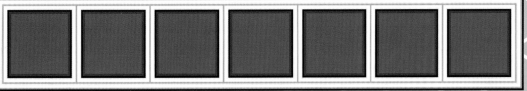

湿滑的浴室

　　浴室是用水较多的地方，所以其地面上经常有积水。在浴室里，我们还会经常使用肥皂和洗发水。

　　在这里，我们应该注意什么呢？对，要提高警惕，小心滑倒。

　　如果我们不小心滑倒了，说不定脑袋会磕在浴缸或洗脸池上。

防滑措施

光着脚进去。
▶ 穿着拖鞋进去。

　　穿拖鞋！没错！光着脚进去很容易因滑倒而受伤。小小，恭喜你获得了一枚安全徽章。

✚ 用品

拖鞋 ✚

这是牙膏，还是护肤霜

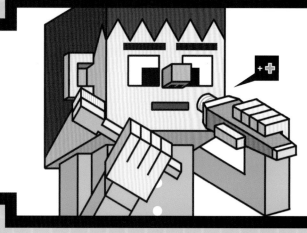

快速刷牙。
▶ 先闻一下味道，看看它是不是牙膏。

　　在挤牙膏之前，先确认它是牙膏，而不是管状的护肤霜或洗面奶。
　　小小正在仔细地辨别味道。

安全生命值 ♥ ♥ ♥ ♥ ♥　　安全徽章 ✚ ✚ ✚ ✚ ✚ ✚

确认冷热水

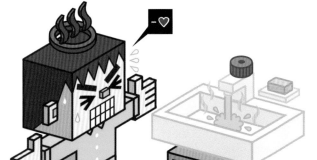

▶ 直接快速地将水龙头拧到最大。

轻轻地拧开水龙头，确认水温。

受到热水攻击！哎呀，好烫！

快用凉水降温。如果直接将水龙头拧到最大，说不定里面会流出很烫的热水。因此，我们要轻轻地拧开水龙头，确认水温是否合适。小小损失了一个安全生命值。

（★烫伤时请看第 49 页）

正确的洗脚方式

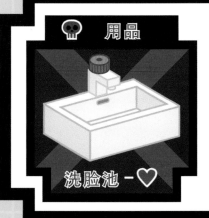

▶ 直接将脚放到洗脸池里洗。

用洗脚盆打水，坐着洗脚。

不行！直接将脚放到洗脸池里洗是很危险的！你可能会因失去平衡而摔倒，而且洗脸池也有倒塌的危险。小小又损失了一个安全生命值。

正确的洗脚方式是用洗脚盆打水，然后坐着洗脚。

安全生命值 ♥ ♥ ♥ ♥ ♥　　安全徽章 ✚ ✚ ✚ ✚ ✚ ✚ ✚

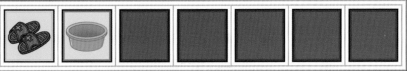

诱人却危险的厨房

厨房是家中危险系数最高的地方。这里不但有火和热汤，而且有刀、筷子等锋利或尖锐的厨房用品。此外，我们还要注意玻璃或瓷器摔碎后形成的"地雷阵"。

用烤面包机烤面包

▶ 将脸凑过去，仔细观察。

　远远地观看。

　　小小正在用烤面包机烤面包。不过，小小，你这是要烤自己的鼻子吗？凑得太近，有可能会受伤哦！另外，烤面包机里只能放面包片，若放入铁筷等铁质物品，可能会引发火灾哦。

鼻子再凑近些！

-♥

做得很好！

-♥

切！

+✚

拿器皿

▶ 用湿手去拿。

　擦干手后拿。

　　啊，小小不小心将盘子摔在了地上！手弄湿之后会很滑，这也是盘子会掉的原因。值得庆幸的是盘子并没有摔碎。

煤气阀门

　鸡蛋好好吃。

▶ 先关掉煤气阀门。

　　哦，小小去取荷包蛋时顺便关掉了煤气阀门。做得很棒！用完煤气灶之后，要记得关上煤气阀门。

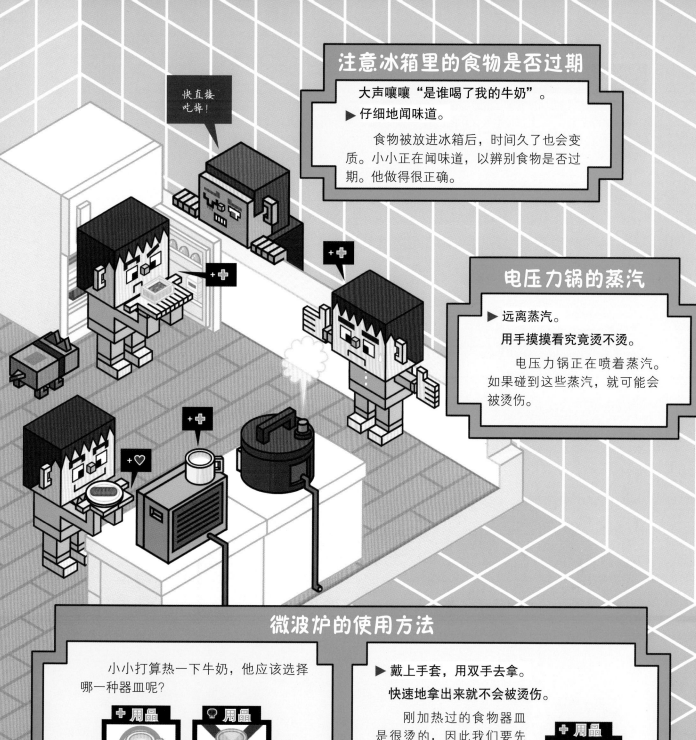

快直接吃掉！

注意冰箱里的食物是否过期

大声嚷嚷"是谁喝了我的牛奶"。

▶ 仔细地闻味道。

食物被放进冰箱后，时间久了也会变质。小小正在闻味道，以辨别食物是否过期。他做得很正确。

电压力锅的蒸汽

▶ 远离蒸汽。

用手摸摸看究竟烫不烫。

电压力锅正在喷着蒸汽。如果碰到这些蒸汽，就可能会被烫伤。

微波炉的使用方法

小小打算热一下牛奶，他应该选择哪一种器皿呢？

➕用品 马克杯　　☠用品 玻璃杯

不错，他选择了马克杯。

▶ 戴上手套，用双手去拿。

快速地拿出来就不会被烫伤。

刚加热过的食物器皿是很烫的，因此我们要先戴上手套，再用双手去拿。

➕用品 手套

微波炉对小孩子来说是一种非常危险的厨具。若不懂得正确的使用方法，建议使用大人帮助卡。

安全生命值 ♥ ♥ ♥ ♥ ♥　　安全徽章 ➕ ➕ ➕ ➕ ➕

客厅和阳台

客厅是和家人一起度过欢乐时光的地方，因此客厅越干净，我们就越安全。

阳台有摔落的危险，所以是一个非常危险的地方。

此外，我们还要尽量远离窗户。

吃药

反正是经常吃的药，直接吞下去就好。

▶ 跟大人确认后再服用。

小小突然感到肚子疼。他打开家里的药箱，找到了经常吃的药。接下来，他会怎么做呢？

他正拿着药去找妈妈。做得不错！即使是经常吃的药，你也要在跟大人确认后才能服用。

妈妈！

+♡♡

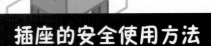

插座的安全使用方法

嫌碍事一脚踢开。

▶ 拔下不用的插头。

为了玩电脑游戏，小小正准备插插头。不过，插座上的插头太多了，于是小小把不用的插头都拔下来了。小小的行为非常正确。用一个插座连接太多电器是非常危险的。

安全生命值 ♥ ♥ ♥ ♥ ♥　　安全徽章 ✚ ✚ ✚ ✚ ✚ ✚ +2

放在门口就好了。

自己一个人在家

自己一个人在家的时候，如果快递员叔叔来了，我们应该怎么做?

高高兴兴地开门。

▶ 让叔叔将快递放在门口。

不错! 自己一个人在家的时候，不能给任何人开门，哪怕是认识的人。你可以让对方等大人回家之后再登门。

哎呀!

-♡

-++

阳台栏杆

▶ 靠在栏杆上俯视。

只伸出头俯视。

小小，危险! 栏杆可不像墙壁一样坚固，所以决不能倚靠。

润荷，你来借书吗?
要不我把书扔给你?

被玩具绊了一下

很疼，所以用脚踹一下以示发泄。

将玩具放回原来的地方。

哎呀，不小心被玩具绊了一下。

玩好之后，记得要将玩具放回原位。减去一个安全生命值!

别，我还是上去拿吧。

不能往阳台外扔东西

现在你要扔书吗? 高空坠物很危险，有可能会砸死人或砸坏汽车。

呼，幸好那位小伙伴要走上去拿书。

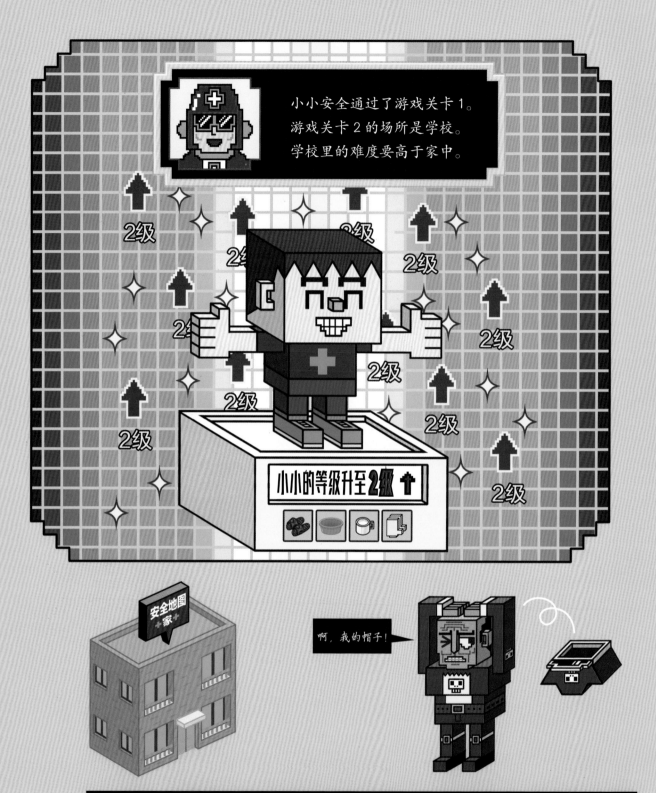

小小安全通过了游戏关卡1。
游戏关卡2的场所是学校。
学校里的难度要高于家中。

小小的等级升至**2级**

啊，我的帽子！

通过小小的不懈努力，安全地图中的家被点亮了。
司令官危危失去了他的帽子。让我们祝愿小小能安全通
过游戏关卡2中的所有难关，点亮地图，击退危危这一伙儿
捣乱分子吧。

学校安全守则

学校是一个聚集着很多小朋友的地方。

这里除了教室之外，还有楼道、实验室、食堂等多种高风险场所。

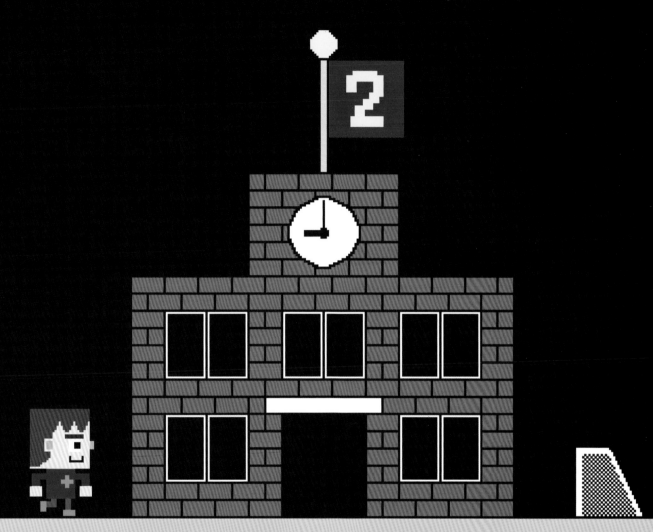

吵闹的教室

教室里除了很多桌子和椅子，还有很多小朋友，因此人和人、人和物之间发生碰撞的可能性很高。

储物柜上突出来的钉子

用手触碰钉子。

▶ 使用大人帮助卡。

有钉子突出来的地方是很危险的。看来小小打算使用大人帮助卡。

向大人求助，去除不安全的因素，确实是非常明智的选择。

> 老师，这里突出来一颗钉子。

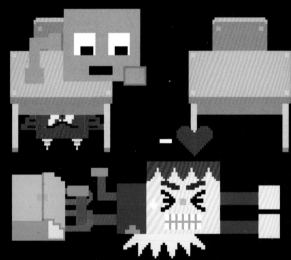

挡道的书包

▶ 当作没看到，直接跨过去。

提醒同学将书包收好。

同学的书包露在书桌外。哎呀，小小被绊倒了！

书桌上只能放书本和笔

▶ 在书桌上蹦蹦跳跳。

安静地坐在椅子上。

孩子们，什么事情让你们这么高兴呀？在书桌上蹦蹦跳跳会不会掉下来呀？快点下来吧！

小小失去了两枚安全徽章。

> 做得好！

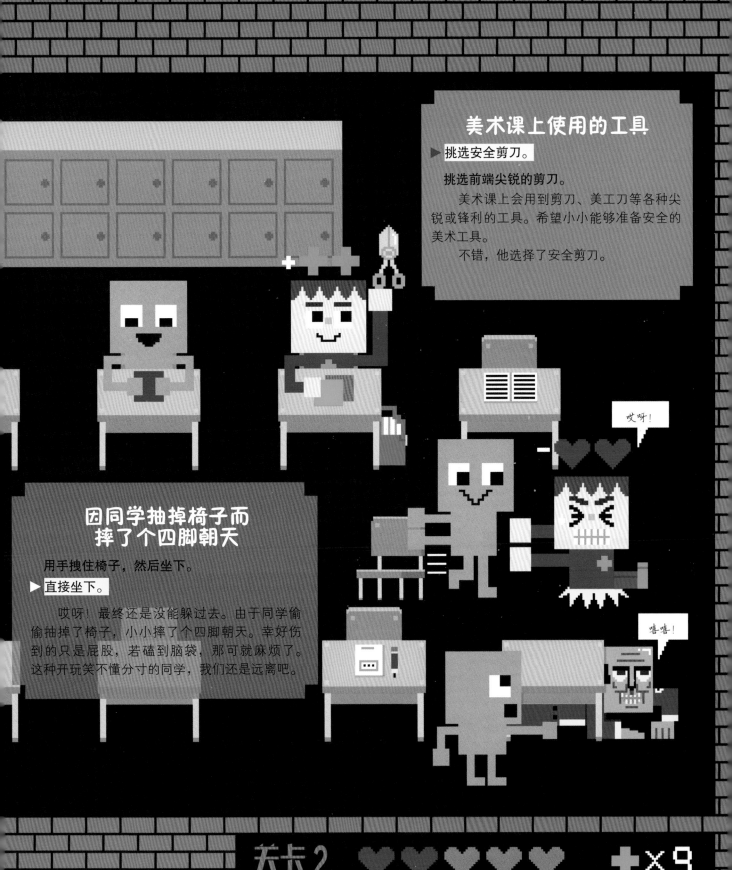

美术课上使用的工具

▶ 挑选安全剪刀。

挑选前端尖锐的剪刀。

美术课上会用到剪刀、美工刀等各种尖锐或锋利的工具。希望小小能够准备安全的美术工具。

不错，他选择了安全剪刀。

因同学抽掉椅子而摔了个四脚朝天

用手拽住椅子，然后坐下。

▶ 直接坐下。

哎呀！最终还是没能躲过去。由于同学偷偷抽掉了椅子，小小摔了个四脚朝天。幸好伤到的只是屁股，若磕到脑袋，那可就麻烦了。这种开玩笑不懂分寸的同学，我们还是远离吧。

哎呀!

嘻嘻!

关卡2 ♥ ♥ ♥ ♥ ♥ ✚×9

楼道和楼梯

课间休息时，同学们都跑出了教室。有的跑向操场，有的跑向卫生间。意外大都是在这个时候发生的。不过，只要我们不过于心急，慢慢走，就可以避免意外的发生。

 开始 >>

小心楼梯

▶ **扶着扶手下楼梯。**

时间紧迫，所以要跑快一点儿。

楼梯是危险系数很高的地方。小小正扶着右侧的扶手慢慢地走下来。下楼梯时一定要盯着自己的脚，慢慢地走下来。

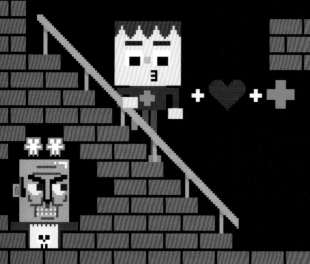

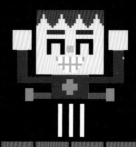

教室门夹手事故

扶着门框左顾右盼。

▶ **迅速收回扶着门框的手。**

啊，小小的手差一点儿就被门夹住了。幸好他及时收回了自己的手。门缝、窗户缝等都是容易发生夹手事故的地方。

小心楼道转弯处的碰撞

▶ 肆无忌惮地奔跑。

在转弯处停下，观察前方的状况。

　　课间活动时，大家都在奔跑。就连楼道转弯处也有在奔跑的同学。呀，小小不小心跟反方向来的同学撞到了，结果小小的额头上鼓了个包。伤到头部时，一定要跟老师说明情况，然后去医务室接受治疗。另外，头晕或呕吐时也要去医务室接受检查。

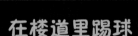

在楼道里踢球

拿着球去操场。

▶ 时间紧迫，还是在楼道里玩吧。

　　嘿，竟然在楼道里踢球！操场或体育馆才是允许踢球的地方。若不小心踢碎玻璃，可是会让人受伤的。

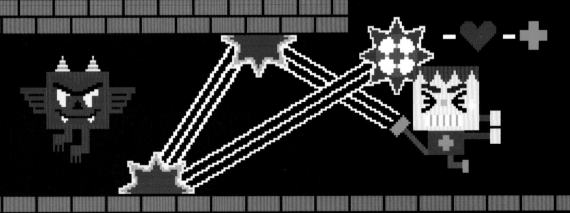

关卡2　♥ ♥ ♥ ♥ ♥　×9

食堂和实验室

终于到了盼望已久的午餐时间。在食堂，我们也要提高警惕，以免被滚烫的汤、尖锐的筷子和叉子等伤到。

维持食堂秩序，要排队

▶ 好好排队。
四处乱窜。

排队虽然看起来不是很重要，但其实是一种非常重要的安全守则。

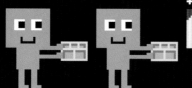
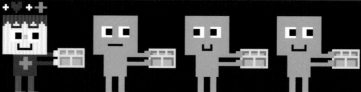

小心·热汤

端着餐盘奔跑。
▶ 停下来躲避奔跑的同学。

弄倒汤碗可能会使人烫伤。小心地端着餐盘并回到自己的位置，这才算完成任务。哎呀，那些同学为什么要奔跑呢？

注意食物过敏

对了，小小对鱿鱼过敏。小小有没有跟老师确认食物中是否有鱿鱼呢？没有吗？幸好今天的午餐食材中没有鱿鱼。不过，我们还是要给小小减掉一枚安全徽章。

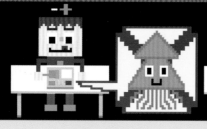
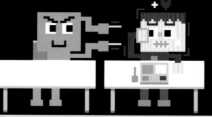

小心·有缺口的餐盘和尖锐的筷子

我们还要注意有缺口的餐盘，避免它触碰到脸部。
啊，坐在小小旁边的同学正拿着筷子戏弄他。小小能躲过这一劫吗？

注意

关卡 2 ❤ ❤ ❤ ❤ ❤ ✚ ×10

这里是科学实验室，存放着各种实验器具和化学试剂。对于化学试剂，我们绝对不能拿来食用或直接闻味道。只有按照科学老师的指示操作，才能完成任务。

注意化学试剂

直接用鼻子闻味道。
▶ 仔细阅读注意事项。

实验室里存放着很多危险的化学试剂。很多化学试剂相互混合后会爆炸或沸腾。这些化学试剂都不可以直接用手触摸或用鼻子闻。

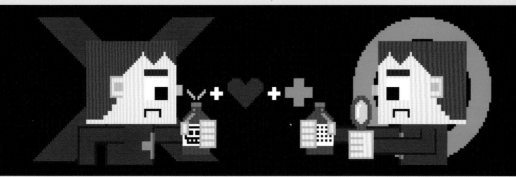

穿戴护目镜、安全手套、实验服等安全装备

嫌麻烦，直接做实验。
▶ 穿上实验服。

做实验之前，一定要按照老师的指示穿戴安全装备。若因走神而没有听到注意事项，很可能会引发事故。

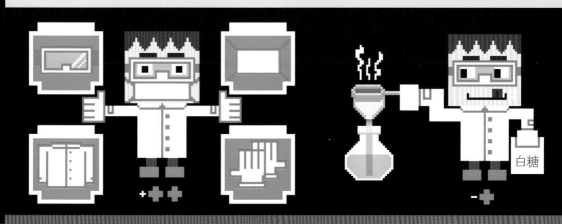

白糖

酒精灯的使用方法

用酒精灯做实验。
▶ 用酒精灯熔化白糖，制作糖人。

做实验之前，一定要穿戴好安全装备。小小正在做什么？太荒唐了！酒精灯怎么可以用在实验以外的事情上呢？再说了，玩火也很危险。

有趣的操场

操场是我们锻炼身体，愉快地奔跑、玩耍的地方。可是奔跑途中一不小心就可能会受伤。你们说小小能不能在操场上尽情地玩耍，并顺利地完成任务呢？

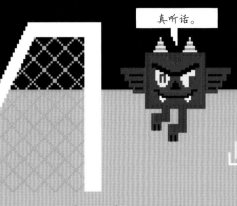

真听话。

小心飞来的足球

▶ 走路时发呆，被球砸到了。

观察足球飞来的轨迹。

啊，小小的头今天免不了要受罪了。无论是踢球的人，还是路过的人，都必须提高警惕。

玩跷跷板

▶ 站着玩。

坐着玩。

哎哟，掉下来了，差点儿摔伤了。虽然没有受伤，但还是要减去两枚安全徽章。

荡秋千

坐在踏板上荡。

▶ 趴在踏板上荡。

荡秋千时要坐在踏板上。啊，小小的同桌正好从秋千前面路过，小小差一点儿就撞上他了。

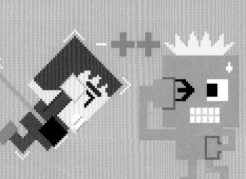

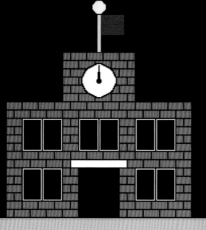

滑滑梯

滑滑梯

▶ 沿着阶梯走上去。

沿着滑梯走上去。

有阶梯不走，为什么偏偏要从滑梯走上去呢？甚至还有一些同学趴在滑梯上头朝下滑下来。这样做很危险！

玩攀登架

张开手臂，得意扬扬地玩耍。

▶ **抓牢扶手，同时小心脚下。**

玩攀登架时最需要注意的是双手要抓牢。因为不抓牢的话很可能会摔下来。另外，小心不要碰到头！

玩好之后要洗手

▶ 打开水龙头，将手洗干净。

洗完手后用衣服擦手。

游乐设施上五颜六色的油漆虽然看着很漂亮，但说不定含有对身体有害的成分，因此在玩过游乐设施之后，我们一定要用肥皂将手洗干净。

愉快的观摩活动

今天是全班参加观摩活动的日子。

这时候一定要紧紧地跟在老师后面，不可以自作主张地发挥自己的冒险精神。

因为我们正在进行的不是探险游戏，而是安全游戏。

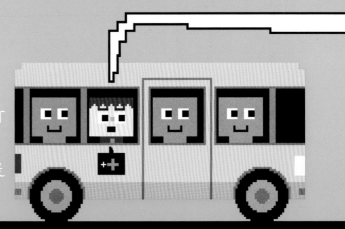

系安全带

不系安全带，只顾着跟同学打闹。

▶ 坐好后立即系上安全带。

遇到交通事故的时候，安全带可以保护我们不被撞飞或撞伤。大家要记住，上车后一定要立即系好安全带。

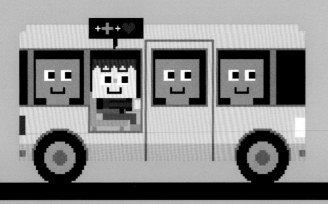

将手伸出车窗很危险

▶ 将手伸出车窗，很凉快。

一看到朋友将手伸出车窗，就制止他。

小小，你在做什么？伸出车窗的手要是碰到其他车辆、建筑物或树枝，很可能会受伤。小小被老师批评了一顿。

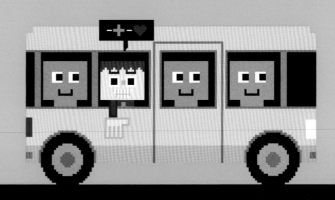

遵守约定

上完卫生间之后直接去超市。

▶ 上完卫生间之后直接前往指定的集合地点。

老师叮嘱同学们上完卫生间之后要到指定地点集合。若有人没有在约定的时间抵达，其他人就得一直等着他。咦？上完卫生间的小小竟然没有走向指定地点。哦，他是要拉两名观察蝴蝶的同学一起回来！

不错，授予小小两枚安全徽章。

卫生间

你们千万不能跟着蝴蝶走。

服务台

孩子们，快过来。

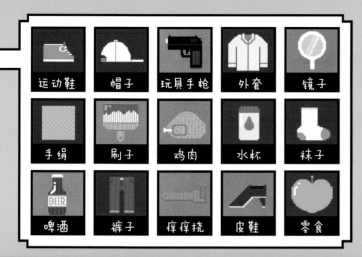

今天穿什么

虽然穿得好看很重要，但穿得安全更重要。

看看小小究竟选了什么装备。

不错，明智的选择。

运动鞋　帽子　玩具手枪　外套　镜子

手绢　刷子　鸡肉　水杯　袜子

啤酒　裤子　痒痒挠　皮鞋　零食

下车时

车子停靠之前走到车门附近。

▶ 车子停靠之前始终乖乖地坐在座位上。

终于抵达目的地了。

等车停靠之后再从座位上站起来。

小小这次做得也很好。

记住老师的联系方式

▶ 记在本子上。

记在脑子里。

为了应对迷路或其他突发事故的发生，我们需要事先记住老师的联系方式。人在惊慌失措的时候很容易忘记东西，所以一定要将老师的联系方式事先记在本子上。这是最基本的常识。

生态公园

小心草丛里的东西

如果来到有草丛的地方，需要注意以下哪些东西？

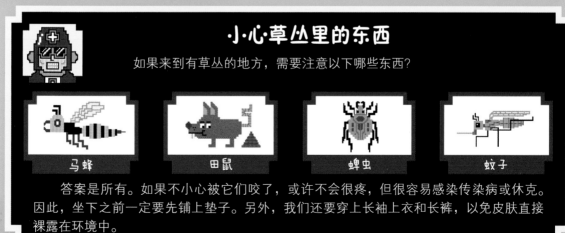

马蜂　田鼠　蝉虫　蚊子

答案是所有。如果不小心被它们咬了，或许不会很疼，但很容易感染传染病或休克。因此，坐下之前一定要先铺上垫子。另外，我们还要穿上长袖上衣和长裤，以免皮肤直接裸露在环境中。

关卡2　♥♥♥♥♥　✚×15

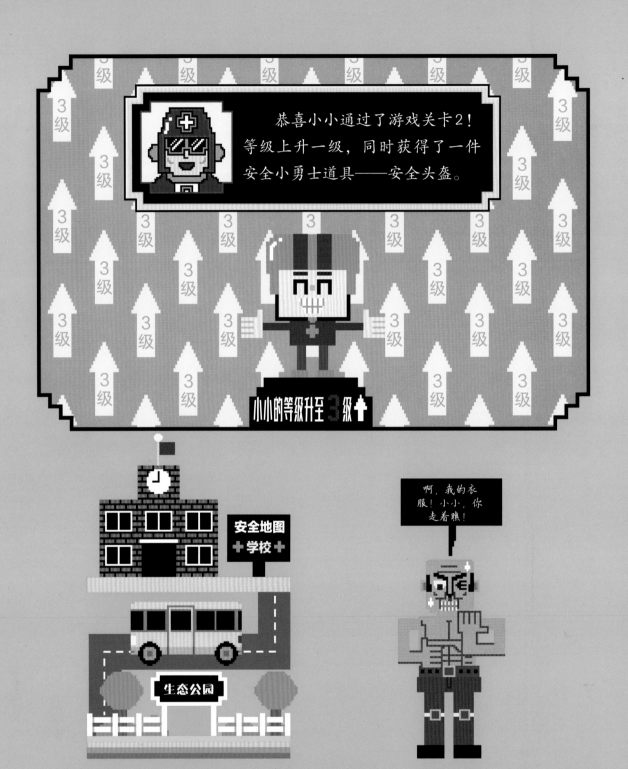

恭喜小小通过了游戏关卡2！等级上升一级，同时获得了一件安全小勇士道具——安全头盔。

小小的等级升至 3 级

安全地图
✚学校✚

生态公园

啊，我的衣服！小小，你走着瞧！

安全地图中的学校被点亮了。司令官危危失去了上衣。下一道关卡的难度将更高。希望你能够安全地完成任务，点亮安全地图中的下一个场所。

小小 **＋10**

游戏关卡3

街道安全守则

游戏关卡3的场所是街道。街道的通关难度非常高，需要注意的地方更多。不过，只要提起精神，就能安全地完成任务。在这里，之前收集的安全生命值和小勇士道具将起到至关重要的作用。

在街道上行走

街道上有汽车、摩托车、自行车等众多交通工具。不过，只要遵守交通规则，街道上就没有想象中那么危险。反之，若有人不遵守交通规则，就很容易引发交通事故。

看着前方行走

 +9

戴着耳机、看着手机走路。

抬头挺胸，看着前方走路。

小小，走路时要看着前方。另外，还要将塞在耳朵里的耳机拿下来。你要用眼睛和耳朵来确认自行车或汽车行驶的路线，不然你有可能会受伤。

车走车行道，人走人行道

 +10

我行我素地走在马路中央。

沿着路边走。

这是一条没有区分车行道和人行道的路。不过，小小并没有走在马路中央，而是沿着路边走。做得很不错！

过信号灯　　小小会遵守交通规则吗?

 +11

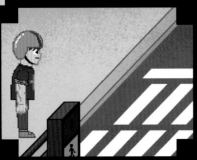

①信号灯变成绿色前，不可以站在人行横道上，要站在等候区等待。

②确认左右两边的车辆是否都停止行驶。

③走在人行横道的右侧，边走边确认左右两边的车辆是否都停止行驶。

下雨时穿颜色鲜艳的衣服

突然开始下雨了。下雨天，选择合适的装备很重要。小小选择了黄色的衣服。黄色的衣服很醒目，能够让驾驶员一眼看到。

黄色雨衣

雨伞

黑色T恤

+12

不要用雨伞遮挡视线

▶ 将雨伞当作盾牌顶在前面走路。
看着前方走路。

小小！走路时你怎么可以用雨伞挡着前方呢？这样很容易撞到别人。

+11

拿雨伞的方法

横着拿雨伞。
▶ 竖着拿雨伞。

雨停了。这时，我们应该如何拿雨伞呢？横着拿雨伞很容易撞到别人。小小将雨伞整理好后竖着拿了起来。做得很好！

+12

下雪时要小心滑倒

雨突然变成了雪。下雪天，我们最需要注意的是防止滑倒。让我们来看看小小会不会滑倒吧。

①穿鞋底带有防滑纹路的鞋子。

②不要将手揣在裤兜里。

③不奔跑，不快速行走。

哎呀，小小在奔跑的时候滑倒了！

+11

骑自行车

自行车不需要燃料，因此不会造成环境污染。此外，骑自行车还可以起到锻炼身体的作用。但是在有的路段，自行车并没有专门的车道，因此时常要与人、摩托车及汽车使用同一条道。这就要求我们在骑自行车的时候应更加注意交通安全。最后，还有最重要的一点：未满 12 周岁的儿童不准在道路上骑自行车。

穿戴安全装备

骑自行车前需要准备安全装备。小小正在调整安全头盔的绳子长度，之后他还戴上了护膝和手套。很完美的准备工作。

安全头盔

护膝

护肘

夜光贴纸

智能手机和耳机

+12

调整自行车车座的高度

▶ 调整自行车车座的高度，使脚能够触碰到地面。太麻烦，还是直接骑吧！

当即将摔倒或失去平衡的时候，我们需要用脚踩着地面来找回平衡。

小小，一看你这架势就知道你骑自行车已经不止一两次了。

+14

前照灯

虽然白天才是骑自行车最好的时段，但有时骑着骑着天就黑了。遇到这种情况时，我们就需要前照灯来照明。为了安全，我们要打开前照灯，然后快点回家。

+13

从胡同口拐进大马路时  +13

先停下来，看看是否有车辆经过。

不管不顾，自己骑自己的。

呀，小小，危险！快点停下来！从胡同口拐进大马路时，要先停下来，确认前方是否有车辆或行人经过。即使觉得麻烦，也必须遵守这一点。

躲避行人时  +12

直接骑过去，反正人们会自己躲开。

一边减速，一边摁自行车铃。

丁零零丁零零

呀，小小直接骑过去了，差点儿就撞到人了！自行车等交通工具的速度远远快于人们的反应速度。为了避免交通事故的发生，我们一定要小心再小心！

没有自行车专用道时  +13

沿着路边，按照车辆行驶的方向缓慢骑行。

我行我素地在马路中央骑行。

骑自行车时最好走自行车专用道。不过，有的路段没有自行车专用道。遇到这种情况时，我们要沿着路边骑行，且必须有大人或其他伙伴陪同。自己一个人时最好不要在马路上骑自行车。

游戏关卡 3-3

乘公交车和地铁

这次小小要挑战的是乘公交车和地铁的任务。公交车容易颠簸，所以站着的乘客往往很难保持身体平衡。另外，公交车停靠的时间也很短，相比之下，坐地铁更加简单。只要记住上车和下车站的名称及乘车方向就可以到达目的地。虽然大多数情况下，我们都会与大人一起乘坐，但对于基本的安全守则，我们必须记在脑子里。那么，大家准备好了吗？

不能错过站点

▶ 仔细听公交车上的广播。

▶ 戴着耳机听音乐。

请马上取下耳机，仔细听广播。为什么？因为你要知道离目的地还剩几站。等快下车的时候，你要提前做好准备。此外，公交车停稳之前可不可以随意走动！

+13

公交车上没空座时

▶ 抓住座椅上的扶手。

▶ 央求大人给自己让座。

哎，怎么没人给孩子让座呢？记住，你得牢牢地抓住扶手。

+14

下车时的注意事项

▶ 既然到站了，那就赶紧下车吧。

天啊，小小！虽然公交车停了下来，但说不定会有其他车从车门前经过！因此，下车前一定要注意车门右侧的情况。

请仔细确认车门右侧的情况后再下车。

+12

绝对不可以倚靠车门

地铁上没有空座了。

抓住扶手站立。

▲ 倚靠车门站立。

嘿，小小，你这样很容易出事故的！没有看到车门上贴着不要倚靠的标志吗？

✚10

正确的排队方法

▲ 队伍这么长，还是看准机会插个队吧。

走到最短的队伍后面排队。

如果大家都抢着上地铁，就很不安全。排好队，先下后上。

✚11

危急时刻的应对方法

当地铁、轮船、飞机等交通工具发生事故时，我们很有可能需要马上逃离所乘坐的交通工具。为了应对这样的情况，我们最好事先了解一些应急方法。

· 乘坐地铁时阅读贴在车门上的引导文，牢记应对突发状况时的逃离方法。

· 乘坐飞机或轮船时，乘务员会告诉我们如何应对各种突发情况。届时，一定要好好听！

· 当发生事故时，一定要按照自己记住的正确方法跟着大人逃离肇事发地点。

啊！人一下子涌了出来。一不小心又被踩了一脚……呜呜……

啪啪啪！恭喜你，小小，你通过了游戏关卡3。另外，你还获得了一件安全小勇士道具——剑。

小小的等级升至4级

下一道关卡一定要让你好看！

安全地图
✚街道✚

安全地图中的街道被点亮了。危危等捣乱分子千方百计地想将小小引向危险处，但最终都以失败告终。现在，小小即将挑战游戏关卡4。让我们随小小一起进入复杂、混乱又有趣的公共场所吧！

游戏关卡4

公共场所安全守则

游戏关卡4的场所是公共场所。

小小即将完成安全小勇士的考验。

公共场所是人员密集的场所，也有很多看头。

若不提高警惕，很可能会迷路或撞上其他人。

超市

小小来到了超市。

这里不但有很多人和商品，而且还有很多购物车。

小小使用大人帮助卡，召唤了爸爸。

购物车还是让爸爸推吧！

推购物车

自己推购物车。

▶ **让爸爸推购物车。**

由于购物车比较大，且不容易操纵，小孩子推购物车很容易引发碰撞或其他事故。

另外，推购物车上自动扶梯或越过门槛的时候也需要一定的力气和技巧，因此推购物车这种活儿还是交给大人来做吧。

小心不要被自动扶梯夹住脚

▶ **把脚放在黄色安全线以内。**

没时间了，赶紧跑上去。

乘坐自动扶梯的时候，手、脚的摆放位置非常重要。脚要放在黄色安全线以内，以免被夹到，而手要一直扶着扶手。小小的表现很完美。

因走神跟大人分开时

▶ **在原地等待爸爸。**

慌忙寻找爸爸。

小小，做得不错！爸爸马上就会来找你的。

什么？你已经等了整整三十分钟？那你可以向超市的员工（就是那些胸前带着工作牌的人）寻求帮助。小小正走向收银员。做得不错！

电梯里的紧急呼叫按钮

▶ **摁下紧急呼叫按钮。**

跌坐在地上哭泣。

啊，电梯突然停止运转了，就连照明灯也熄灭了！但是小小表现得十分沉着。相信马上就会有维修人员过来解决问题的。

跳

不要在电梯里蹦蹦跳跳

▶ **阻止其他小朋友蹦蹦跳跳。**

愉快地一起蹦蹦跳跳。

哎，那两位小朋友太调皮了。若继续蹦蹦跳跳，很可能会引发电梯故障或让电梯掉落下去。小小正在制止他们。

不要倚靠电梯门

小小在等电梯。那位小朋友怎么倚靠在电梯门上？电梯门并没有想象中那么牢固。小小又在制止他们。

恐怖游乐园

就像我们看到的那样，游乐园通常都很宽敞，因此我们要记住两点：第一，游乐园里很容易迷路；第二，若你没有安全意识，哪怕是再有趣的游乐设施，也会瞬间变成危险设施。

事先定下集合地点

在人多的地方，大家很容易走散，因此最好事先与家人定下集合地点。小小将集合地点定在了钟楼下。很不错！

遵守游乐设施安全守则

小小拉下安全锁，牢牢地抓着扶手。很完美的安全意识。

不要玩得筋疲力尽

即使再好玩，也不要连续玩好几次。看来小小得休息一阵子了。

事先记录家庭地址和大人的电话号码

你说自己早就记住了？人在慌张的时候很容易忘记东西。小小将记录着家庭地址和电话号码的纸揣进兜里。

奔跑会让人摔倒

在人多的地方，即使走路也有可能撞到别人。小小，你跑得那么快，能不摔倒吗？啧啧！

入水前要做准备运动

迫不及待地跳入水中。

▶ 伸展四肢，做准备运动。

来到水上乐园时，我们要先做一件事情。对，那就是做准备运动！如果突然跳入水中，容易发生抽筋等事故，因此非常危险。

看到有人溺水时

▶ 大声通知安全员。

跳入水中施救。

啊，出事了！有一个人在水中不断地扑腾。小小，你做得很对。小孩子若是贸然施救，很可能会引发严重的后果。

只在儿童专用泳池中玩耍

▶ 孩子还是跟孩子一起玩耍才有趣。

儿童专用泳池太没意思了，还是去大人专用泳池玩耍吧。

水深超过自己身高的水池很危险。当站在水中时，脚掌一定要能够得到地面。小小有点过度自信了，打算进入大人专用泳池，结果被安全员制止了。

玩的时候也要注意休息

每玩水30分钟，就要休息10分钟。

▶ 好不容易出来玩一趟，为什么还要干待着？

玩的时候察觉不到累，但事实上玩水会消耗很多体力，因此玩耍期间我们要适当休息。

小小，你怎么一进去就不愿意出来了？你这样是不对的！

❤ ❤ ❤ ❤ ❤ ✚ ×22

随时随地 安全守则

这是最后的特殊关卡。

在这里，小小要帮助其他小朋友。

小小打算根据自己之前闯关的经历，帮助其他小朋友渡过危机。

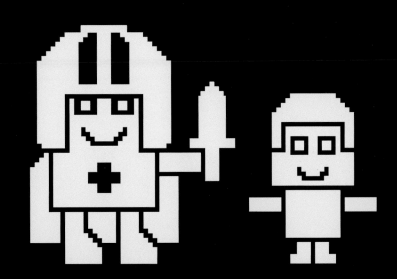

我们可以事先知道谁是坏人吗？

光凭外貌，谁都无法判断。不过，若能看到那个人的行为，我们就可以判断出对方是好人是坏人。

让我们跟着小小一起去看看，究竟做出什么行为的人才是坏人吧。

陌生人在跟我搭话

说要给我好吃的

叔叔给你买冰激凌。你跟我走吧。

不要，我得马上回家！

对方知道我的名字

你是小小吧？我是你妈妈的朋友，你妈妈让我来接你。

我要先打电话问问妈妈。

说我的家人出事了

你爸爸出交通事故了，快跟我一起去医院看看吧。

我要跟妈妈一起去医院。

向我寻求帮助

能帮我将东西提到车子那里吗？

你一个人不行。让她向大人寻求帮助。

我得快点回家了，您还是喊大人来帮忙吧。

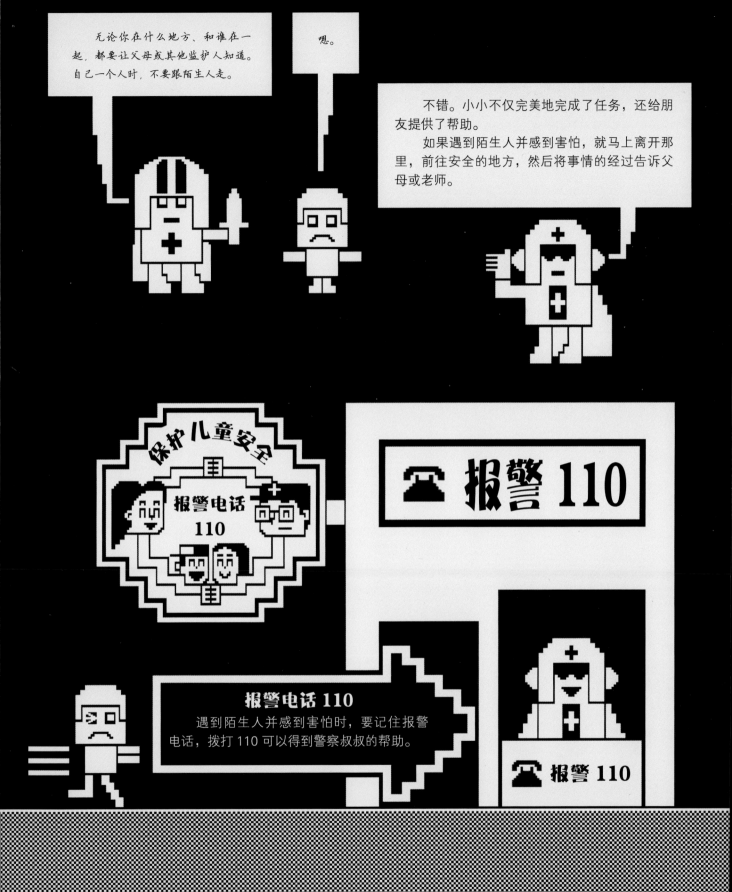

有人摸我的身体时

我身体的主人是我自己。哪怕是家人或亲戚，也不可以随意抚摸我的身体，尤其不可以抚摸穿泳衣时会被遮挡的部位。无论是认识的人，还是不认识的人，只要他们想抚摸我们的身体或对我们使坏，我们都要大声喊"不行！不可以！"，然后赶紧离开，并将事情的经过告诉父母或其他监护人。

摸我的大腿

短裤很好看。

让我坐在他的腿上

真乖，快坐我腿上。

想摸我的小·鸡鸡

只是跟你开个玩笑。

抚摸我的手

来买饼干吗？天气这么冷，快过来，给你暖暖手。

要带我回家

我家可以玩游戏，跟我一起去我家吧。

总是要抱我

这是我们之间的秘密，绝对不可以告诉你妈妈哦。

即使说了"不要！""不行！"，对方也可能会抓住我们或殴打我们，因此我们得尽快离开，前往有其他大人的地方或人多的地方。

不要！
不行！

不行！
不要！

遇到坏人并受到伤害

✚ 道具 ✚

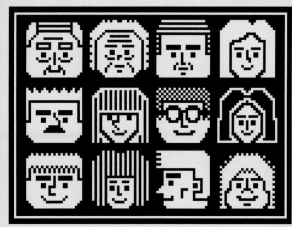

其他大人跟你说的并要求你保密，不能向父母说的事情一定有问题。务必要将相关事情告诉父母。

妈妈！爸爸！

那不是你的错，错的是伤害你的人。就像玩耍的时候不小心摔倒了，要接受治疗一样，当你遭到性暴力伤害时，有专门的医生或专家会为你提供帮助。另外，父母和其他家人也会为你敞开温暖的怀抱。你只要安心地接受治疗就好。

家人 ✚✚✚✚✚

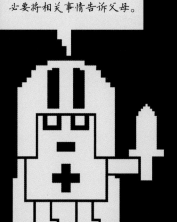

发生火灾时

在这里给大家一个小提示：发生火灾时，真正害人的往往是烟雾，而不是火焰，因此想活下来，就一定要躲避烟雾。

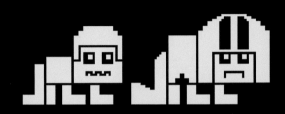

无法马上逃离时

如果无法逃离建筑物，那么我们要尽量躲避烟雾。烟雾具有易上升的特性，因此我们要弯下腰，并迅速离开起火地点。另外，假如有风使烟雾向我们飘来，我们要马上转过身子并迅速跑开，以免不小心吸入烟雾。

逃离火灾现场

得知发生火灾或有发生火灾的预感时，要马上转移到安全地点。那看不到烟雾却听到火灾警报时该怎么办呢？记住，哪怕无法确定有没有发生火灾，也要及时逃离。

着火啦！

着火啦！

通知火灾信息

119

如果及时逃离了火灾现场，要马上告诉别人发生火灾的事实。如果周边有电话，可以打 119 报火警。报警时，要告诉对方火灾的发生地点。如果不清楚具体地址，也可以告诉对方周围的标志性建筑物名称。

如果被火焰包围，无法赶往紧急出口

如果无法通过紧急出口逃离，那么就要去窗口，拿着衣物或布料摇晃，发出求助信号。

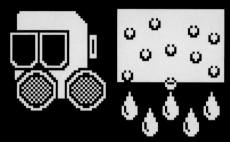

如果没有防毒面具，就用湿毛巾代替

如果能够弄到水，可以将毛巾打湿，再用它们捂住口鼻。如果什么都没有，可以用衣袖捂住口鼻。不过，最好的方法是尽快转移到没有烟雾、可以呼吸到新鲜空气的地方。

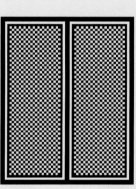

紧急出口

电梯很危险

发生火灾时，不可以乘坐电梯。因为一旦电线被烧断，乘电梯的人就可能会被困在电梯里。发生火灾时，一定要走安全楼梯。另外，走进剧场、百货商场等陌生建筑物时，一定要记好紧急出口的位置。

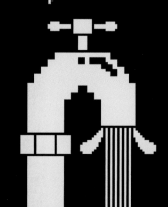

烧伤、烫伤的急救措施

在家中烧伤、烫伤时，我们该如何应对呢？不小心烧伤或烫伤时，要先用流动的冷水冲洗伤口以降温。但是要将水流调到最小，因为如果水流太大，有可能会造成二次伤害。如果伤口很小，我们可以抹一点促进伤口愈合的软膏；但如果伤口很大，我们就要马上去医院处理。如果家中没有大人且无法自己一个人去医院，则可以拨打120求助。

120

天气不好时

这是最后的特殊关卡。

通往健康、安全、幸福的大门就在眼前，请小小再接再厉！

雾霾预警

小小，你要去哪里？像今天这样的天气，出门并不是一件安全的事情，因为这种天气可能会让你患上呼吸道疾病。扬尘天、雾霾天、花粉飞扬的季节，我们最好待在家中，少外出。另外，出门归来后要记得马上洗漱。

下大雨

如果下大雨时正好在外面，就不要继续赶路了，匆忙之中很可能看不到地面上的深坑。最好的对策是马上跑到周边的建筑物里躲雨。小小跑进了面包店。

快给父母打电话，让他们来接你回家吧。

下大雪

如果雪下得太大，无论是人还是车辆，都很难通行。另外，积雪太多的话可能会把屋顶或墙压塌。下雪天要外出时，一定要穿上防滑的鞋子，同时戴上保暖的手套！

在雪地里行走时，我们不可以将手揣在兜里，而应像企鹅一样，将身体微微向前倾斜，以保持平衡。

地震来了

　　如果建筑物摇晃，天花板上的灯也在摇晃，那就意味着地震来了。这时，挂钟可能会掉下来，书柜也可能会倒塌，这些都可能会让人受伤。

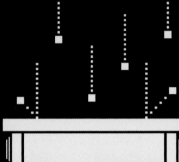

　　①躲在牢固的书桌或饭桌底下，保护好头部。
　　②两手紧抓桌腿。

　　当摇晃停止时，应马上逃离建筑物。另外，地震时，建筑物上的玻璃或广告牌也可能会掉下来，因此要格外注意。

海啸来了

　　在海边玩耍的时候，如果发现海水一瞬间就退回去了，那意味着海啸即将来临。海啸非常可怕，它能够摧毁建筑物。因此，在海边玩耍时，一旦有不好的预感，就一定要马上逃到海拔较高的地方。

狂风肆虐

　　狂风肆虐时，我们最好不要外出，因为有可能会被掉下来的广告牌砸到。小小走出去看了一下，但马上又回到了屋子里。做得很好！

　　终于完成了所有任务！尽管有些任务比较难完成，但是好歹我们明白了如何保障自己的安全。

　　啪啪啪！小小，你终于成为"安全小勇士"了！从今往后，小小和小伙伴们就可以安全地长大了。

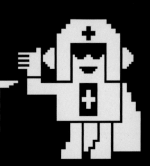

小小，辛苦了。
你可以在家中好好休息了！
再见！

图书在版编目（CIP）数据

冲吧，安全小勇士 /（韩）任廷恩著；（韩）朴宇熙绘；千
太阳译. — 杭州：浙江科学技术出版社，2021.6
（自信满满生活书）
ISBN 978-7-5341-9310-1

Ⅰ. ①冲… Ⅱ. ①任… ②朴… ③千… Ⅲ. ①安全教育 –
儿童读物 Ⅳ. ①X956-49

中国版本图书馆CIP数据核字（2020）第207215号

著作权合同登记号 图字：11-2018-567 号

안전 나를 지키는 법
Text copyright © 2017, Im Jung Eun
Illustration copyright © 2017, Park Woo Hee
© GomGom
All Rights Reserved.
This Simplified Chinese edition was published by Zhejiang Science and
Technology Publishing House Co., Ltd. in 2021 by arrangement with
Sakyejul Publishing Ltd. through Imprima Korea & Qiantaiyang Cultural
Development (Beijing) Co., Ltd..

丛 书 名 自信满满生活书
书 名 冲吧，安全小勇士
著 者 ［韩］任廷恩
绘 者 ［韩］朴宇熙
译 者 千太阳

出版发行 浙江科学技术出版社
杭州市体育场路347号 邮政编码：310006
联系电话：0571-85062597
排 版 杭州兴邦电子印务有限公司
印 刷 浙江新华数码印务有限公司

开 本	889×1194 1/16		印 张	3.5
字 数	59 000			
版 次	2021年6月第1版		印 次	2021年6月第1次印刷
书 号	ISBN 978-7-5341-9310-1		定 价	39.80元

责任编辑 陈淑阳 责任美编 金 晖
责任校对 赵 艳 责任印务 田 文